石獅安安愛遊歷

奇妙的尋樹之旅

認識香港不同的植物

新雅編輯室 著　　李成宇 圖

新雅文化事業有限公司
www.sunya.com.hk

石獅安安有點煩惱，於是前往錦田樹屋，向榕樹爺爺和風先生訴苦。

　　原來，他撿了一顆樹的種子，想把它埋在泥土裏好好栽種。想到小種子日後會變成大樹，石獅安安就覺得很神奇。可是……

　　「一隻胡蜂把我的種子偷走了！」石獅安安苦着臉說。

　　「不用擔心，胡蜂也可以幫忙植樹的。」榕樹爺爺說。

爺爺不能說謊，否則會掉鬍子啊

氣根接觸土壤後會落地生根，長得像樹幹一樣粗壯，成為支柱根。

這些鬍子掉不得，它們是氣根，幫我攝取空氣中的水分。

知識加油站

香港的氣候如何影響植物生長？

香港位於亞熱帶，夏季炎熱多雨，冬季氣溫低但不算嚴寒，所以植物種類豐富，其中以有花植物較多。榕樹爺爺是細葉榕，屬於有花植物，只是它的花藏在榕果內，我們很難看見。

榕果內藏有許多小花。

小提示

這本書的右上角會顯示植物的分類，有花植物顯示為 ✿，無花植物顯示為 ✿。

石獅安安累了，挨着榕樹爺爺休息。他喃喃地說：「希望我的種子長成樹後，會像榕樹爺爺一樣，綠葉成蔭。」

風先生，勞煩你了。

孩子，跟我來吧。

石獅安安睡着後，風先生輕聲說：「這孩子很掛念他的樹呢。」

榕樹爺爺說：「那麼我們送他一個好夢，讓他欣賞香港不同的植物吧。」風先生答應了。

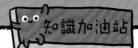

春風吹過，石獅安安慢慢睜開雙眼，
竟然看到一道燦爛的杜鵑花牆！

其實我們杜鵑家族很淡定，
一點也不「騰雞」。

我要向姨姨學習，
放鬆心情面對挑戰！

知識加油站

原來有些植物是有毒的？
小朋友，觀賞植物時，記得眼看手勿
動啊！有些植物是有毒的，不能觸碰
或吞食，例如食用紅杜鵑可引致肌肉
抽搐和心律不正。香港常見的有毒植
物還有繡球花、牽牛花、風信子等。

九龍公園內有許多不同品種的杜鵑呢。

「孩子，這是夢境，我會帶你經歷四季，認識香港不同的植物，還有你的樹。」風先生說。

雖然紅杜鵑不是石獅安安要找的樹，但他喜歡愛笑的紅杜鵑姨姨。當他知道有些杜鵑品種的開花期因為接近考試期，所以又被稱為「騰雞花」，以代表學生慌張的心情時，不禁咯咯笑了。

動動腦筋

開花時間改變會帶來什麼影響？
近年，香港冬天的平均氣溫越來越高，有些春天的花提早在冬天開花，你覺得開花時間改變會帶來什麼影響呢？（答案見第31頁）

告別紅杜鵑姨姨，石獅安安來到尖沙咀海防道。

雖然這裏車水馬龍，但斜坡上的一排樟樹為人們帶來清涼的綠意，舒緩了他們煩躁的情緒。

樟樹伯伯說：「你知道樟腦丸嗎？天然樟腦丸含有樟樹的成分，它的氣味可以用來驅蟲呢。」

風先生告訴石獅安安：「你的樹也會散發獨特的氣味啊！」石獅安安很期待！

我家住海防道樟樹洞。

他們還想拍
阿歷山大鸚鵡呢。

樟樹伯伯，
很多人給你拍照啊。

知識加油站

植物的生長過程是怎樣的？

別看有些植物長得很高大，其實它們都是從一顆小種子開始的。植物一般經過以下的生長過程：

種子埋在泥土裏。

種子發芽，長出莖和葉。

植物開花。

結出果實。

動動腦筋

為什麼植物對人類和動物都很重要？

植物的光合作用能夠製造出生物生存所必需的氧氣，除此之外，植物對人類和動物還有什麼貢獻呢？（答案見第31頁）

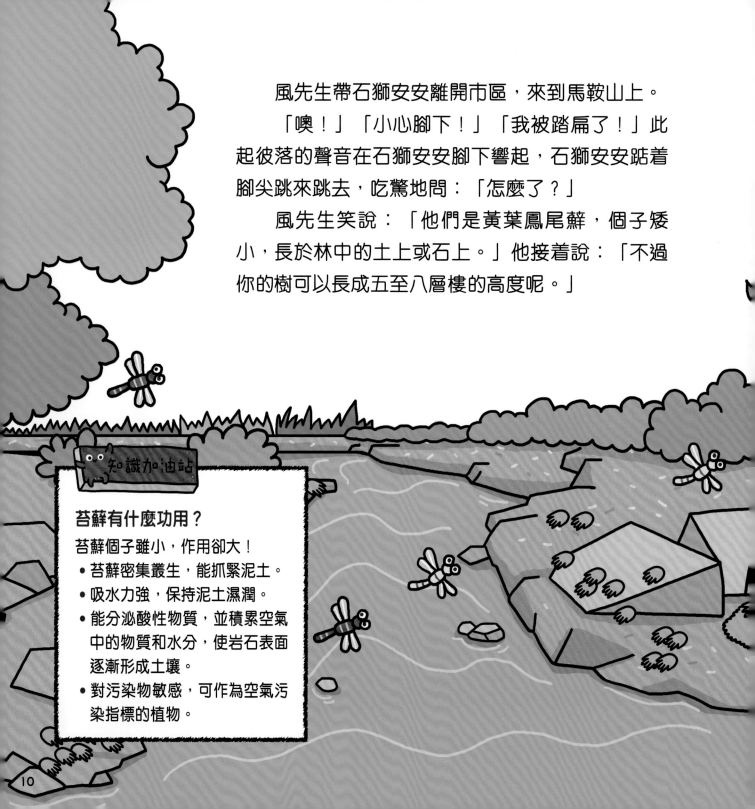

風先生帶石獅安安離開市區，來到馬鞍山上。

「噢！」「小心腳下！」「我被踏扁了！」此起彼落的聲音在石獅安安腳下響起，石獅安安踮着腳尖跳來跳去，吃驚地問：「怎麼了？」

風先生笑說：「他們是黃葉鳳尾蘚，個子矮小，長於林中的土上或石上。」他接着說：「不過你的樹可以長成五至八層樓的高度呢。」

知識加油站

苔蘚有什麼功用？

苔蘚個子雖小，作用卻大！

- 苔蘚密集叢生，能抓緊泥土。
- 吸水力強，保持泥土濕潤。
- 能分泌酸性物質，並積累空氣中的物質和水分，使岩石表面逐漸形成土壤。
- 對污染物敏感，可作為空氣污染指標的植物。

對不起，我沒有弄傷你們吧？

我們沒事。

苔蘚是怎樣繁殖的？

苔蘚沒有花朵，也不製造種子，而是利用孢子來繁殖的。例如泥炭蘚的孢子囊會發生「爆炸」，把孢子噴射上高空，讓風吹到遠處生長。

蘚帽打開，孢子噴射而出。

11

下了山，一股夏日熱氣撲面而來！不過當中有一種清香，驅散了不少悶熱的感覺。

石獅安安捧着一朵花，深深吸了一口氣。

這裏是香港大學，白蘭哥哥說：「我不是你要找的樹，但如果你喜歡我的花香，可以在街上找賣白蘭花的婆婆，她們會把幾朵白蘭花放入小袋出售。」

人們喜歡把我的花掛在通風處，使香氣滿室。

香港大學

知識加油站

採摘白蘭花要在凌晨開始？

白蘭花通常在半夜綻放，二十四小時內凋謝，所以花農在凌晨三時左右摘花，到早上八時半摘完，再拿到市區售賣。天還沒亮就要爬樹摘花，真辛苦啊！

石獅安安一直記掛他的樹。

風先生說：「別心急，還有驚喜給你呢。」

來到荔枝角公園的時候，竟然下雪了！石獅安安接過一片「雪」，發現那是像雪般又輕又白的棉絮。

木棉伯伯說：「這情境是不是很漂亮？我的果實裂開後，內裏的棉絮和種子隨風四散，造成這個效果。」

木棉的另一個名字是「英雄樹」！

為什麼呢？

知識加油站

為什麼木棉是先開花後長葉呢？

植物一般先長葉後開花，木棉卻在開花後才長葉，原來是跟生長所需溫度有關。木棉的花芽生長所需溫度較低，所以先開花；而葉芽要求的溫度較高，所以遲些才長出來。

木棉的花期一般在3月至4月。

動動腦筋

植物怎樣把種子傳播開去？

木棉是依靠風力傳播種子的，而種子就藏在果實的棉絮內。果實成熟時，它會爆開，裏面輕飄飄的棉絮可以乘風四散，保護種子到遠處落地生根。小朋友，你知道還有哪些傳播種子的方法嗎？（答案見第31頁）

木棉果實爆開　　棉絮內藏種子

因為我長得又高又直，而且在微寒的早春已綻放花朵，所以人們覺得我像英雄一樣，正直又勇敢！

15

賞過「雪」，石獅安安來到屯門公園。

跟剛才的情境大不相同，石獅安安驚呼：「這種樹紅得像火！」

鳳凰木姐姐得意洋洋地說：「很久以前，有位航海家在森林中見到鳳凰木開花，也跟你一樣大吃一驚，以為森林發生大火，所以我們又被稱為『火焰樹』。」

我的開花期在五、六月，所以有人把我的花稱為「畢業花」。

雖然有離別的意思，但也是新的開始。

知識加油站

鳳凰木怎樣傳播花粉和結果？

植物可以通過昆蟲、風力、動物和水力傳播花粉。鳳凰木是蟲媒花，即是通過昆蟲傳播花粉。昆蟲採蜜時，身體沾到花粉，花粉便可以從一朵花的雄蕊傳到另一朵花的雌蕊上。花朵受粉後會凋謝，子房開始發育，最後結成果實。

雄蕊

雌蕊

子房

鳳凰木的果實

華麗的鳳凰木令人一見難忘，而摩士公園也有一種有趣的樹。

「你的葉就像大扇子！」石獅安安笑着說。

蒲葵公公笑呵呵地說：「孩子，你真有眼光，我就是人們用來製作葵扇的材料。」

風先生跟石獅安安說：「你除了在公園找到蒲葵外，它也是香港常見的行道樹。你的樹也曾經是郊野常見的品種呢。」

文化知多點

葵扇除了用來扇涼外，還有其他含義？

在粵劇中，媒婆往往都拿着大葵扇，所以「撥大葵扇」即是努力撮合姻緣的意思。此外，舞獅的時候，獅子都會由手執大葵扇的大頭佛引領。傳說那把大葵扇具有法力，能幫助頑皮的獅子修成正果呢。

知識加油站

蒲葵為什麼會成為常見的行道樹？

行道樹是種在道路兩旁的樹木，可以淨化空氣、減低噪音和美化城市。香港環境擠迫，還會颳颱風，所以行道樹必須滿足耐熱、能抵受狂風和暴雨等條件。蒲葵四季常青，又能抗風，所以成為常見的行道樹。

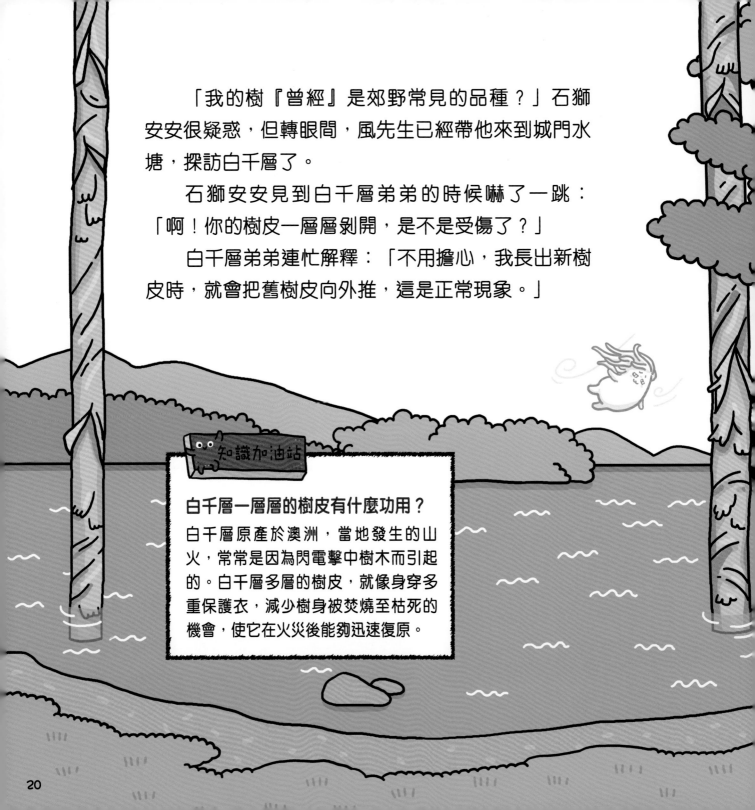

「我的樹『曾經』是郊野常見的品種？」石獅安安很疑惑，但轉眼間，風先生已經帶他來到城門水塘，探訪白千層了。

石獅安安見到白千層弟弟的時候嚇了一跳：「啊！你的樹皮一層層剝開，是不是受傷了？」

白千層弟弟連忙解釋：「不用擔心，我長出新樹皮時，就會把舊樹皮向外推，這是正常現象。」

知識加油站

白千層一層層的樹皮有什麼功用？

白千層原產於澳洲，當地發生的山火，常常是因為閃電擊中樹木而引起的。白千層多層的樹皮，就像身穿多重保護衣，減少樹身被焚燒至枯死的機會，使它在火災後能夠迅速復原。

白千層可以生長在水裏？

在澳洲，白千層一般是種在濕地裏的，所以引進香港時也會種在水塘區。大雨過後，有些遊人會特意前往城門水塘欣賞水浸白千層的景色，拍攝白千層在水中的美麗倒影呢。

我的樹皮會自然掉下，如果把它扯下來，我會受傷啊！

我知道了。

白千層獨特的外貌讓石獅安安大開眼界，不過，
還有更特別的景色呢。

　　清涼的秋風吹過，石獅安安已置身大棠楓香林。
只見漫山紅葉，景色優美。

　　「這是我的樹嗎？」石獅安安急不及待地問。

　　「不，你的樹是全年常綠的。」風先生答。

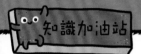

知識加油站

楓香即是楓樹嗎？

雖然楓香和楓樹同樣有「楓」字，而且入秋後樹葉也會變紅，但它們可不是同一品種啊！

葉子

果實

楓香
樹葉在莖的每一節只有一片葉子，左右交錯有序地生長，稱為「互生」。果實像長滿刺的小球。

葉子

果實

楓樹
樹葉在莖的每一節有兩片葉子，左右剛好一對，稱為「對生」。果實像長了一對翅膀。

大概在十一月下旬。

你的葉子什麼時候變紅呢？

為什麼綠葉會變紅？

葉子呈現綠色是因為它含有大量的葉綠素。葉綠素通過光合作用，為植物輸送生長所需的醣分。入秋後，落葉植物的葉綠素在低溫下開始分解，植物輸送營養的能力也減弱，於是醣分在葉子積聚，產生令葉子呈現紅色的花青素。

我的家族相繼枯萎後，
外來樹種，例如
台灣相思、紅膠木和愛氏松，
便被大量引入，防止水土流失。

馬尾松大哥，你不要傷心。

離開楓香林，氣溫開始降低，漸漸步入冬季了。

在九龍水塘旁的金山樹木研習徑，石獅安安踢到些東西，原來是馬尾松的松果。馬尾松曾是香港常見的樹，但受到蟲害而大量枯萎。

石獅安安緊張地問：「風先生，我的樹曾經是常見品種，是不是因為蟲害而大量減少呢？」

風先生歎息說：「不是蟲害，是人禍啊。」

動動腦筋

原生植物和外來植物，對生態系統有什麼影響？

原生植物是指未經人為，原生於該地的植物，例如馬尾松是香港唯一的原生松樹。外來植物則是指因人類活動而引入本土的植物。你知道原生和外來植物，對生態系統有什麼影響嗎？（答案見第31頁）

知識加油站

馬尾松的花不是真正的花？

馬尾松的花稱為球花，雖然能夠產生花粉，但這種花只有花的雛形，在形態和結構上都不是真正的花。

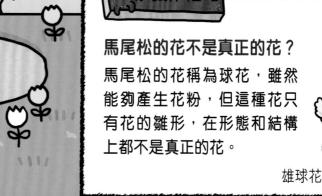

雌球花

雄球花

大概在1880年，由一位
神父在野外發現的。

洋紫荊是在什麼時候被發現的？

知識加油站

世上只有一棵野生洋紫荊？
洋紫荊由紅花羊蹄甲和宮粉羊蹄甲
雜交而成，因為沒有果實，所以不
能以種子繁殖。除了在1880年於薄
扶林發現的那棵野生洋紫荊外，暫
未有新發現。現時我們見到的洋紫
荊都是通過人工技術繁殖而來的。

風先生見石獅安安悶悶不樂，便說：「我帶你去看一場美麗的紫雨吧。」

在九龍仔公園，紫色的洋紫荊隨風飄落，美不勝收，石獅安安讚不絕口。

風先生說：「洋紫荊是在香港首次被發現，而且是土生土長的植物，香港特區政府的區旗和區徽也用洋紫荊為圖案呢。」

賞花之後，風先生要帶石獅安安去看他的樹了。

知識加油站

怎樣分辨洋紫荊、紅花羊蹄甲和宮粉羊蹄甲？
雖然它們的葉子很相似，但可以從它們的花朵區分開來的。

洋紫荊
花瓣寬短，為深紫紅色，有五條雄蕊。

紅花羊蹄甲
花瓣狹長，為粉紅色，有三條雄蕊。

宮粉羊蹄甲
花瓣寬短，為淺紫色，有五條雄蕊。

剛剛到達香港仔樹木研習徑，石獅安安便聽到呼喚。

「石獅安安，我是土沉香，我就是你要找的樹啊。」土沉香弟弟揮手說。

「原來胡蜂真的會幫忙植樹！」石獅安安歡呼道。

土沉香可以生成珍貴的香料，早期的香港便成為出口香木的港口，據說「香港」之名由此而來。不過土沉香常被非法砍伐，野生數量已很少了。

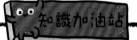知識加油站

土沉香如何傳播種子？

土沉香的果實成熟時，底部裂開成兩瓣，把一或兩顆種子吊在空中。由於種子有胡蜂喜愛的氣味，而種子上白色的附屬物也是胡蜂喜愛的食物，所以能夠吸引胡蜂前來覓食，並把絲線割斷帶走種子，種子便能傳播到較遠的地方。

土沉香是容易受傷的樹？

土沉香受傷時會分泌樹脂以防禦真菌感染，因而產生沉香。沉香被視為一種名貴中藥，又可以製成高級香料，樹幹又可以用來雕刻，市場價值十分高，所以土沉香經常被非法砍伐，連幼樹也難逃厄運！

你要好好保重，
我們日後再見。

謝謝你，再見。

告別土沉香弟弟，這次，當石獅安安再次睜開眼睛時，他已經回到錦田樹屋了。

真是一場好夢啊！石獅安安說：「榕樹爺爺，風先生，謝謝你們送我的禮物。」

「不用客氣。」風先生說。

知道他的樹可以平安長大，石獅安安放下心頭大石，準備回家了。他很想快些跟爸爸分享他這次奇妙的旅程呢！

動動腦筋

怎樣保護植物？
小朋友，植物對生物生存非常重要，你會怎樣保護植物呢？
（答案見第31頁）

孩子，路上小心。

下次我再來探望你們。

好呀，我再帶你去別的地方。

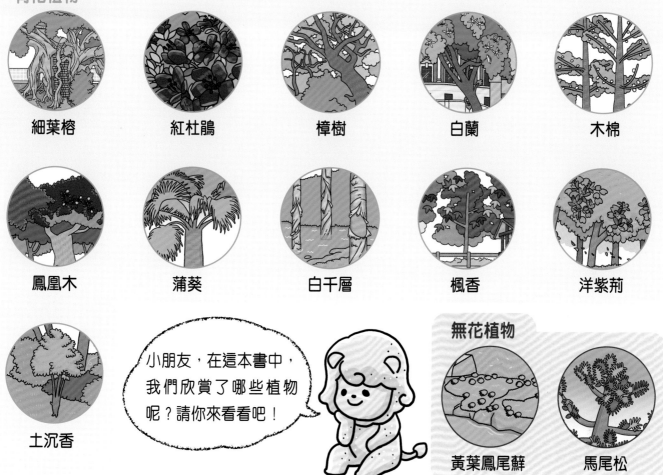

「動動腦筋」答案：

P.7 （參考答案）暖冬令一些賀年花提前開花，令花農蒙受損失；異常的開花期容易令昆蟲錯過花期，令牠們的食物減少，也會降低花粉的傳播機會，影響植物的生存。

P.9 （參考答案）對人類的貢獻：可以提供食物，例如蓮藕、番茄；可以成為原材料，製造紙張、家具。對動物的貢獻：提供棲身之所、食物等。

P.15 水力傳播：果實經水流漂到遠方；自力傳播：果實成熟時會自動裂開，把內裏的種子彈出；動物傳播：果實由動物食用後落在泥土裏，或果實上的小刺附在動物的皮毛或人類的衣物上，被帶到遠方。

P.25 （參考答案）原生植物適應本地生態系統，能促進生物多樣性，例如土蜜樹是香港原生植物，其果實是本地雀鳥紅耳鵯喜愛的食物。外來植物可彌補本地植物的不足，例如馬尾松大量枯萎後，引入的台灣相思生長迅速，防止水土流失。不過，外來植物的果實未必合本地動物的胃口，不但影響樹木自身的繁殖，也使動物欠缺喜愛的食物。

P.30 （參考答案）不傷害植物，例如摘花和拉扯樹皮；減少製造垃圾，減低環境污染；參加植樹活動。

石獅安安愛遊歷
奇妙的尋樹之旅

作者：新雅編輯室
策劃‧責任編輯：潘曉華
繪者‧美術設計：李成宇
出版：新雅文化事業有限公司
香港英皇道499號北角工業大廈18樓
電話：(852) 2138 7998
傳真：(852) 2597 4003
網址：http://www.sunya.com.hk
電郵：marketing@sunya.com.hk
發行：香港聯合書刊物流有限公司
香港荃灣德士古道220-248號荃灣工業中心16樓
電話：(852) 2150 2100
傳真：(852) 2407 3062
電郵：info@suplogistics.com.hk
印刷：中華商務彩色印刷有限公司
香港新界大埔汀麗路36號
版次：二〇二一年一月初版
二〇二二年九月第二次印刷